住房和城乡建设领域“十四五”热点培训教材

# 生活垃圾分类 ABC

四川省城乡建设研究院
唐密　贾刘强　周昇　沈阳　编著

中国建筑工业出版社

**图书在版编目（CIP）数据**

生活垃圾分类ABC / 唐密等编著. —北京：中国建筑工业出版社，2022.7

住房和城乡建设领域“十四五”热点培训教材

ISBN 978-7-112-27244-0

Ⅰ. ①生… Ⅱ. ①唐… Ⅲ. ①垃圾处理—教材 Ⅳ. ①X705

中国版本图书馆CIP数据核字（2022）第047640号

随着经济社会的快速发展和人民生活水平的日益提高，我国的生活垃圾产量呈快速增长趋势，环境问题日益突出，实施生活垃圾分类，可以有效改善城乡环境，提高垃圾的资源价值和经济价值。

本书根据《生活垃圾分类标志》GB/T 19095-2019编写，定位为生活垃圾分类的科普读物和操作指南，旨在通过简明扼要的语言、真实生动的照片，图文并茂地向大众科普、传播生活垃圾分类的基本知识、分类方法和投放要求等。本书共六章，分别介绍了生活垃圾分类、不同场所的生活垃圾分类、居民家庭生活垃圾如何分类、生活垃圾分类投放要求、分类投放的生活垃圾如何处理、大件垃圾、装修垃圾、园林垃圾。

本书图文结合，简单易懂，适用于全国各地普通大众学习垃圾分类知识。

责任编辑：聂　伟　王　惠
版式设计：锋尚设计
责任校对：李欣慰

住房和城乡建设领域“十四五”热点培训教材
**生活垃圾分类ABC**
四川省城乡建设研究院
唐密　贾刘强　周昇　沈阳　编著

*

中国建筑工业出版社出版、发行（北京海淀三里河路9号）
各地新华书店、建筑书店经销
北京锋尚制版有限公司制版
北京京华铭诚工贸有限公司印刷

*

开本：787毫米×960毫米　1/16　印张：4　字数：56千字
2022年7月第一版　2022年7月第一次印刷
定价：**39.00**元
ISBN 978-7-112-27244-0
（39063）

# 本书编写委员会


主任委员：何树平　四川省住房和城乡建设厅　厅长

副主任委员：叶长春　四川省住房和城乡建设厅　副厅长

贾德华　四川省住房和城乡建设厅　一级巡视员

李南希　绵阳市人民政府　副市长

（时任四川省城乡建设研究院　院长）

委　　员：熊　风　四川省住房和城乡建设厅　人事教育处　处长

江　浩　四川省住房和城乡建设厅　城市建设与管理处　处长

李明书　四川省住房和城乡建设厅　城市建设与管理处　一级调研员

王亚东　四川省住房和城乡建设厅　城市建设与管理处　副处长

杨　猛　四川省城乡建设研究院　总工程师

王　恒　四川省环境政策研究与规划院　副院长

主　　编：唐　密　四川省城乡建设研究院　副院长

副 主 编：贾刘强　四川省城乡建设研究院　院长

周　昇　四川省城乡建设研究院　住房和建筑业发展研究所　工程师

沈　阳　四川省城乡建设研究院　政研室　副主任

参编人员：蒋　蕊　刘先杰　杨　婧　骆　杰　刘　磊　冯可心　杨彩霞

邱艳君　郑良秋　勾乐梅　刘佳韵　郁婧雪　周卓夫　凌子然

任　丽　洪丹丹　刘　骞　石代刚　王　妍

# 前　言

为方便广大人民群众了解和掌握生活垃圾分类的基本知识、分类方法和投放要求，四川省城乡建设研究院在前期开展的“垃圾分类操作指南”等研究的基础上，整理编写了本书，并于2020年成功申请到四川省科技厅科普培训项目支持。本书采取图文结合的形式，简要介绍了四大类生活垃圾以及大件垃圾、装修垃圾、园林垃圾分类和投放的小常识，供大家阅鉴。欢迎社会各界和广大群众提出宝贵意见。

由于各个城市的地理气候、居民习惯、地方习俗以及垃圾处理系统、回收处理成本不同，为最大程度确保垃圾分类成效，故各地区因地制宜制定的垃圾分类标准并不完全相同。本书的编写依据为2019年12月1日住房和城乡建设部发布实施的《生活垃圾分类标志》GB/T 19095—2019。

另外，由于各个城市制度推行、工作开展等方面的进度有别，故有些地区垃圾分类标志图形仍存在大小类标志混用的情况，还望相关单位及广大群众在生活垃圾分类操作过程中以《生活垃圾分类标志》GB/T 19095—2019为准。

# 目 录

# 第一章 生活垃圾分类

# 第一节　生活垃圾分类介绍

## 生活垃圾是什么？

生活垃圾是指在日常生活中或者为日常生活提供服务的活动中产生的固体废物，以及法律、法规规定为生活垃圾的固体废物。生活垃圾不包括居民装饰装修房屋过程中产生的弃土、弃料和其他固体废物等装修垃圾，也不包括公共绿地、公园等场所产生的植物残枝、落叶和草屑等园林垃圾，还不包括体积较大、整体性强、需拆分再处理的废家用电器、家具等大件垃圾。

生活垃圾分类，是指按照生活垃圾的不同成分、属性、利用价值以及对环境的影响，根据不同的处理方式要求，实施分类投放、分类收集、分类运输、分类处理的行为（图1-1、图1-2）。

图1-1　西安某小区垃圾分类宣传牌

图1-2　重庆某小区垃圾分类宣传牌

## 可回收物

可回收物是指未污染、适宜回收、可资源化利用的生活垃圾。

1．报纸、传单、旧杂志、旧书、废旧纸板箱及其他未受污染的纸制品等（图1-3、图1-4）。

2．包装塑料和容器塑料等（图1-5）。

3．废弃玻璃瓶罐、平板玻璃及其他玻璃制品（图1-6）。

4．铁、铜、铝等金属制品。

5．旧纺织衣物、鞋帽和纺织制品等。

6．废纸塑铝复合包装。

图 1-3　旧书、旧杂志

图 1-4　废旧纸箱

图 1-5　废旧塑料瓶

图 1-6　废弃玻璃瓶

## 有害垃圾

有害垃圾是指对人体健康或自然环境造成直接、间接危害的生活废弃物。

1．废电池（镉镍电池、氧化汞电池、铅蓄电池等）（图1-7）。

2．废旧灯管灯泡（日光灯管、节能灯等）（图1-8）。

3．家用化学品类：过期药品及其包装物，废油漆、溶剂及其包装物，废杀虫剂、消毒剂及其包装物，废胶片、废相纸等（图1-9、图1-10）。

4．废旧水银温度计、废血压计等（图1-11）。

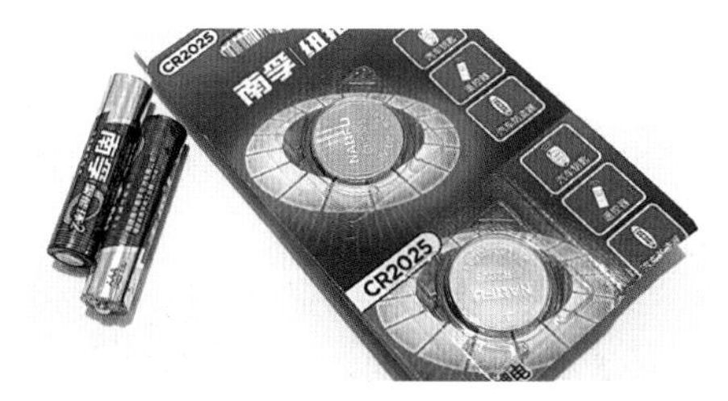


图1-7　废电池

图1-8　废旧灯泡

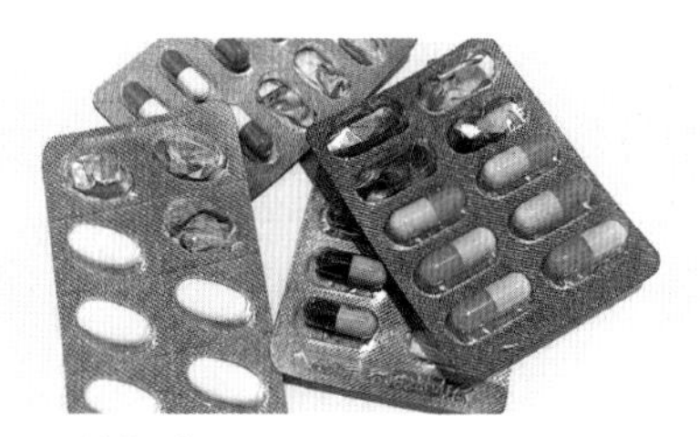

图1-9　过期药品

图1-10　废杀虫剂

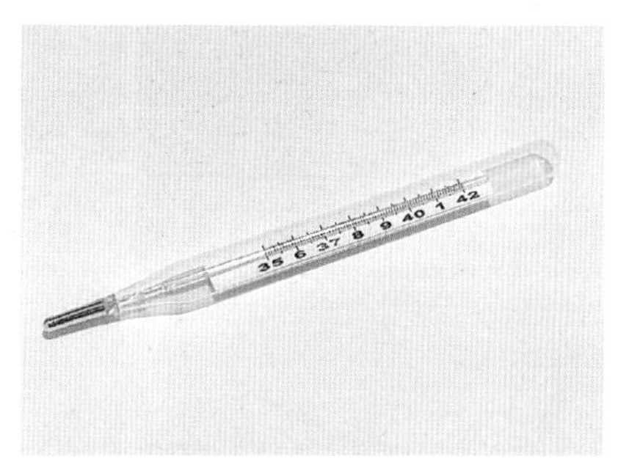


图1-11　废旧水银温度计

## 厨余垃圾

厨余垃圾是指家庭厨余垃圾、餐厨垃圾和其他厨余垃圾。

1. 家庭厨余垃圾：居民日常生活过程中产生的菜帮、菜叶、瓜果皮壳、剩菜剩饭、废弃食物等（图1-12）。

2. 餐厨垃圾：相关企业和公共机构在食品加工、饮食服务、单位供餐等活动中，产生的食物残渣、食品加工废料和废弃食用油脂等。

3. 其他厨余垃圾：农贸市场、农产品批发市场等场所产生的蔬菜瓜果垃圾、腐肉、肉碎骨、蛋壳、畜禽产品内脏等（图1-13）。

图1-12　家庭厨余垃圾

图1-13　农贸市场蔬菜瓜果垃圾

## 其他垃圾

受污染的纸制品应归为其他垃圾，未受污染的纸制品归为可回收物。

其他垃圾是指除可回收物、有害垃圾、厨余垃圾以外的生活垃圾。

1. 受污染与不可再生利用的纸张：卫生纸、湿巾纸等其他受污染的纸类物质（图1-14、图1-15）。

2. 不可再生利用的生活物品：废旧抹布、受污染的一次性用具、保鲜袋、妇女卫生用品、尿不湿、受污染织物、烟头、猫砂等其他难以回收利用物品（图1-16～图1-18）。

3. 灰土陶瓷：灰土、陶瓷及其他难以归类的物品（图1-19）。

图1-14　被污染的卫生纸

图1-15　被污染的湿巾

图1-16　废旧抹布

图1-17　烟头

图1-18　猫砂

图1-19　废弃的陶瓷

## 第二节　生活垃圾分类小口诀

### 一、可回收物辨识口诀

可回收物主要包括：废玻璃类、废金属类、废纸塑铝复合包装类、废包装物类、废塑料类、废纸类、废纺织物、废鞋帽类。

**玻 金 塑 纸 衣**

（玻璃　金属　塑料　纸类　衣服）

可回收物需投放在蓝色的可回收物收集容器或交售至废旧物品回收站点。

废玻璃类

废金属类

废纸塑铝复合包装类

废塑料类

废纸类

废旧纺织物、废鞋帽类

## 二、有害垃圾辨识口诀

有害垃圾主要包括：废温度计、废荧光灯管、废胶片、相纸、废药品及其包装物、废杀虫剂、消毒剂及其包装物、废电池、废油漆、溶剂及其包装物、废血压计等。

**汞　灯　药　池　漆**

（含汞物　灯泡　药品　电池　化学物）

有害垃圾应当投放在红色的有害垃圾收集容器内。

含汞废弃物（废温度计）

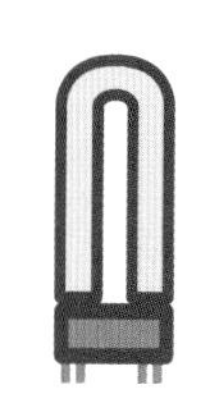

废荧光灯管

废胶片、相纸

废药品及其包装物

废杀虫剂、消毒剂等及其包装物

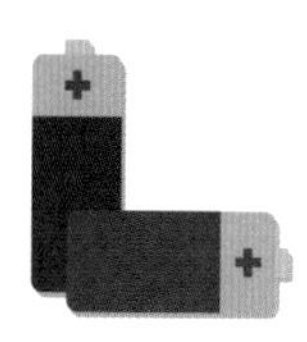

废电池（镉镍电池、氧化汞电池、铅蓄电池）

废油漆、溶剂及其包装物

## 三、厨余垃圾辨识口诀

厨余垃圾主要包括：废弃菜帮、废弃菜叶、瓜果皮壳、剩菜剩饭、废弃食物、食物残渣、食品加工废料和废弃食用油脂、腐肉、肉碎骨、蛋壳、畜禽产品内脏等。

**厨余垃圾关键**
**看是否易腐烂**

厨余垃圾需投放至绿色的厨余垃圾收集容器。

废弃蔬菜

腐肉

鱼虾骨头

蛋壳

瓜果皮壳

废茶叶渣

## 四、其他垃圾辨识办法

其他垃圾主要包括：被污染的卫生纸、使用过的卫生巾、废弃烟蒂、废弃纸尿裤、废铅笔、废文具、灰土、陶瓷、被污染的塑料袋、被污染的食品包装袋等。

**排除可回收物、有害垃圾、厨余垃圾后的其余垃圾都可归为其他垃圾**

其他垃圾需投放至灰色的其他垃圾收集容器。

废弃纸尿裤

灰土、陶瓷

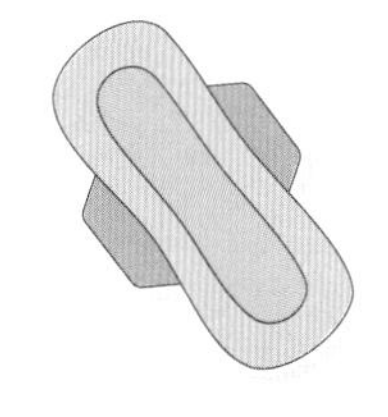

使用过的卫生巾、被污染的卫生纸

废铅笔、废文具

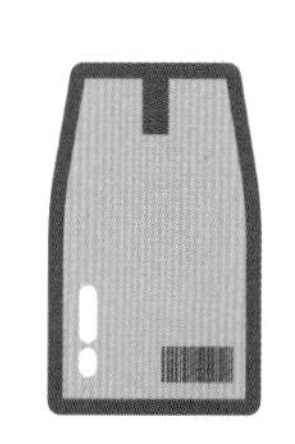

被污染的塑料袋、食品的包装袋

# 第二章 不同场所的生活垃圾分类

第一节　不同场所生活垃圾如何分类

第二节　不同场所生活垃圾分类容器如何设置

# 第一节　不同场所生活垃圾如何分类

## 一、住宅小区

住宅小区的生活垃圾收集实行四分法，即：可回收物、有害垃圾、厨余垃圾、其他垃圾（图2-1 ~ 图2-4）。

1．不宜在楼梯间设置生活垃圾收集容器。

2．应设置相应的可回收物收集容器。

3．应设置有害垃圾收集容器，并进行监管。

4．厨余垃圾和其他垃圾收集容器应设置在方便居民投放的位置。

图 2-1　杭州某小区设置的四分类垃圾收集容器

图 2-2　西安某小区的垃圾分类投放点

图 2-3　沈阳某小区设置于单元门口的垃圾收集容器（为方便居民投放，在实际操作中住宅小区应重点设置厨余垃圾和其他垃圾收集容器）

图 2-4　通海县某居民区生活垃圾分类收集点（为方便居民投放，垃圾桶使用拉环式开盖方式）

## 二、机关单位

机关单位办公场所的生活垃圾收集主要实行三分法，即：可回收物、有害垃圾、其他垃圾（图2-5 ~ 图2-8）。

1. 应在公共区域设置小型可回收物和其他垃圾收集容器。

2. 应设置有害垃圾收集点，并有专人监管。

图 2-5　成都某单位大厅设置的垃圾收集容器

图 2-6　成都某单位有专人监管的有害垃圾收集点

图 2-7　成都某机关单位一楼电梯口设置的垃圾收集容器

图 2-8　成都市武侯区政务中心大厅设置的垃圾收集容器

## 三、公共场所

机场、火车站、长途客运站、公交场站、地铁、文化体育场所、公园广场、商业设施等公共场所的生活垃圾收集，主要实行两分法，即：可回收物、其他垃圾（图2-9 ~ 图2-12）。

1. 在主要通道设置可回收物和其他垃圾收集容器。

2. 节假日期间应增加生活垃圾分类收集容器的摆放点和数量。

3. 以上场所内的食堂和餐饮单位应设置厨余垃圾分类投放设施，如有单位产生有害垃圾，应单独设置有害垃圾分类投放设施。

图 2-9　绍兴鲁迅纪念馆设置的垃圾收集容器

图 2-10　大连棒棰岛设置的垃圾收集容器

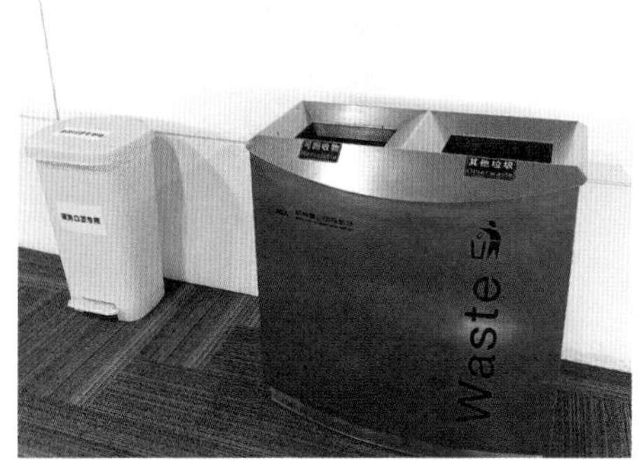


图 2-11　杭州萧山机场内设置的垃圾收集容器

图 2-12　成都新华公园设置的垃圾收集容器

## 四、农贸市场等场所

农贸市场、农产品批发市场等场所的生活垃圾收集主要实行三分法，即：可回收物、厨余垃圾、其他垃圾（图2-13 ~ 图2-15）。

1. 厨余垃圾收集容器应单独设置。

2. 根据生活垃圾的产生量，设置可回收物和其他垃圾收集容器。

3. 上述场所内产生有害垃圾的单位应当对有害垃圾进行分类收集。

图 2-13　成都某农贸市场单独设置的可回收物和其他垃圾收集容器

图 2-14　成都某综合农贸市场内设置的垃圾收集容器

图 2-15　成都某便民菜市场内设置的垃圾收集容器

# 第二节　不同场所生活垃圾分类容器如何设置

为方便生活垃圾的投放，保证垃圾分类工作的有序开展，不同场所对生活垃圾分类容器的设置都有一定要求。

## 一、住宅小区生活垃圾分类收集设施

1．不宜在楼梯间设置生活垃圾收集容器。

2．至少应设置1个可回收物收集点，配置相应的可回收物收集容器（图2-16）。因条件限制无法设置可回收物收集容器的地区应在公共区域设置明显的标识，公布回收电话，开展预约回收。

3．厨余垃圾和其他垃圾分类收集容器的设置应以方便居民投放和适应垃圾产量为原则，服务半径不宜超过70m（图2-17）。

图2-16　杭州某小区设置的可回收物收集点（根据不同类别可回收垃圾的产量设置大小不同的回收箱）

图2-17　杭州某小区设置的厨余垃圾投放点（为方便居民投放，设置在小区中庭的厨余垃圾和可回收物投放点，同时设置了洗手池方便投放后洗手）

## 二、机关单位生活垃圾分类收集设施

1．室内办公场所应设置可回收物与其他垃圾收集设施（图2-18）。

2．至少应设置1个有害垃圾收集点，有害垃圾收集点应设置在有人监管的区域。

3．应在公共区域，如电梯口、大堂、办公区域及教学区域的每层楼梯处设置小型可回收物和其他垃圾收集容器（图2-19 ~ 图2-21）。

4．食堂和餐饮服务区域，根据厨余垃圾产量，设置厨余垃圾收集容器。

图 2-18　成都某单位办公室内设置的垃圾收集容器

图 2-19　长沙某单位电梯口设置的垃圾收集容器

图 2-20　成都某单位洗手间内设置的垃圾收集容器

图 2-21　北京某高校内设置的垃圾收集容器

## 三、公共场所生活垃圾分类收集设施

1. 机场、车站、地铁等公共场所应在站台、候车（登机）区及主要通道设置可回收物和其他垃圾收集容器。宜在安检口或者公共场所出入口设置有害垃圾收集容器，收集容器容积可根据服务区域大小及人流量多少选择相应的规格（图2-22 ~ 图2-24）。

2. 商业服务网点应在主要餐饮区及食品加工区设置厨余垃圾、可回收物和其他垃圾收集容器（图2-25）。

图 2-22　杭州地铁站内设置的垃圾收集容器

图 2-23　成都火车东站广场上设置的垃圾收集容器

图 2-24　长春龙嘉机场内设置的垃圾收集容器

图 2-25　沈阳中街步行街设置的垃圾收集容器

## 四、农贸市场等场所生活垃圾分类收集设施

1. 根据垃圾物的产量，设置可回收物和其他垃圾收集容器（图2-26、图2-27）。

2. 厨余垃圾收集容器应便于投放，可以适当选择敞开式容器（图2-28）。

3. 有条件的大型市场可以对肉类、瓜果蔬菜类垃圾分别设置收集容器。

图 2-26　成都某农贸市场设置的垃圾收集容器

图 2-27　成都某综合农贸市场设置的垃圾收集容器

图 2-28　杭州某农副产品市场单独设置的敞开式厨余垃圾收集容器

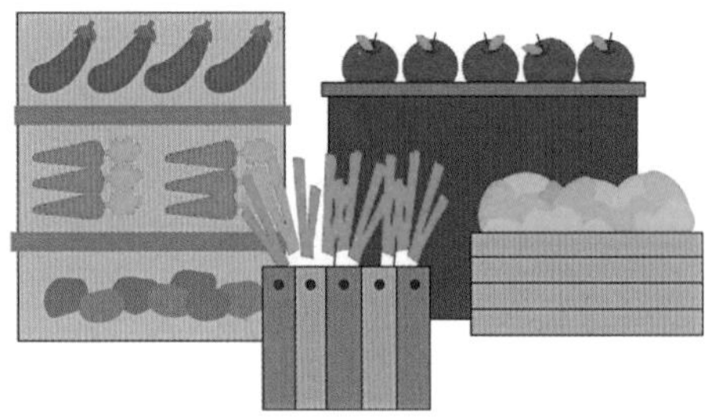

# 第三章 居民家庭生活垃圾如何分类

## 第一节　家庭生活垃圾分类容器

居民家庭厨房内建议至少设置厨余垃圾、其他垃圾2类垃圾桶，方便居民将厨余垃圾和其他垃圾单独分开、单独投放（图3-1）。

图 3-1　家庭二分类垃圾收集容器

## 第二节　家庭生活垃圾分类暂存办法

### 可回收物：

可回收物无污染、体积较大，无需设置专门的垃圾桶，可累积到一定量后再进行投放或者售卖（图3-2 ~ 图3-5）。

图 3-2　家庭废旧纸箱

图 3-3　家庭废旧纸张

图 3-4　沈阳某小区内设置的可回收物收集容器

图 3-5　杭州某小区居民正在进行垃圾投放

## 有害垃圾：

有害垃圾产生量小，在未损坏的情况下，可以暂存至相对密闭的场所，定期进行投放（图3-6～图3-9）。

图 3-6　暂存至密封盒的废旧电池

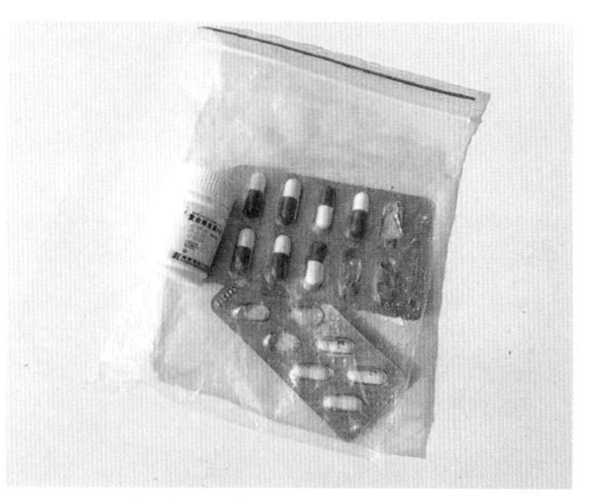

图 3-7　暂存至密封袋内的过期药品

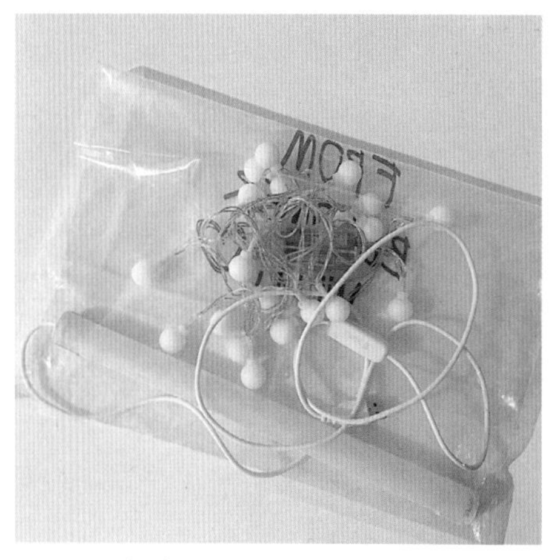

图 3-8　暂存至密封袋内的废弃灯管、灯泡

图 3-9　暂存至密封盒内的过期化妆品

## 厨余垃圾：

鼓励居民滤出厨余垃圾水分，采用专门容器盛放，逐步实现厨余垃圾“无玻璃陶瓷、无金属杂物、无塑料橡胶、无餐巾纸张”（图3-10、图3-11）。

图 3-10　家庭厨余垃圾收集桶

图 3-11　成都某小区厨余垃圾回收再利用处理点——“厨余小站”

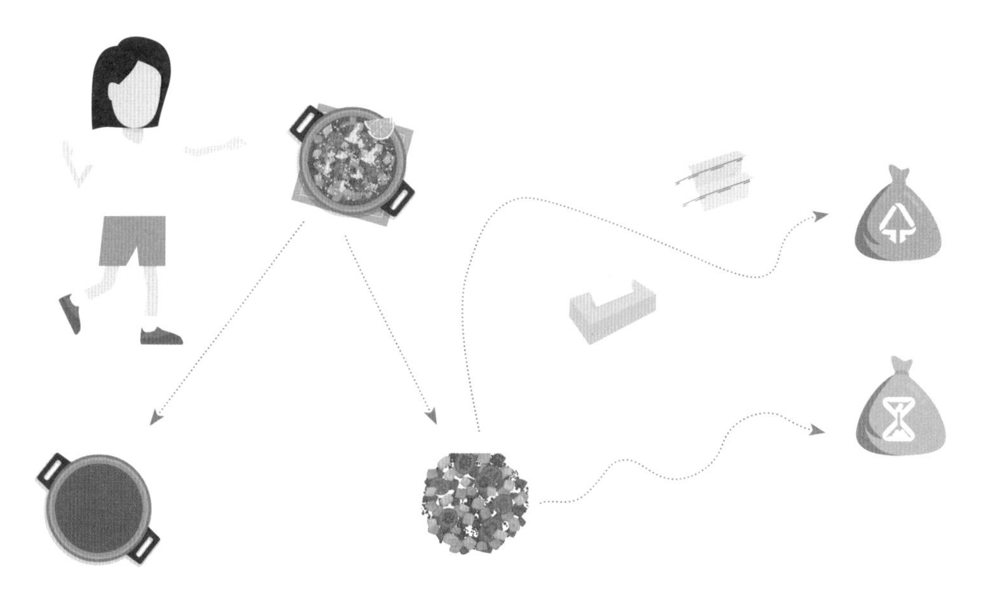

# 第四章 生活垃圾分类投放要求

# 第一节　可回收物投放要求

## 一、可回收物：纸类投放要求

一次性纸碟、墙纸、复写纸和被污染的纸币、厕纸、未明确后续回收利用途径的牛奶盒和果汁饮料盒等复合材料包装物等，应投放至其他垃圾收集容器。

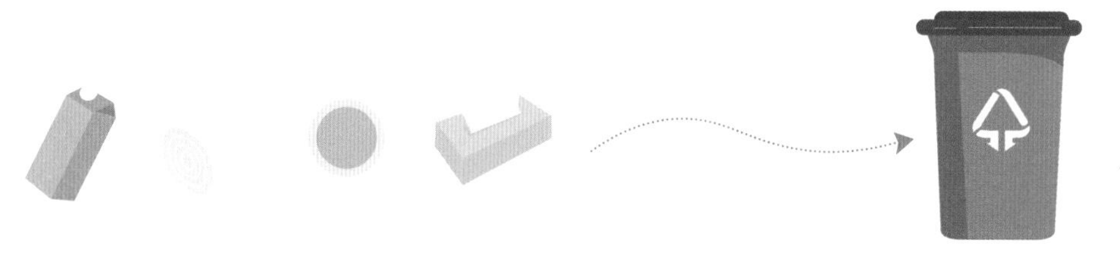

纸类垃圾（包括废包装物）投放时应折叠、压平、捆牢。若纸箱体积过大，不易折叠压缩，可拆分投放（图4-1）。

图 4-1　经压平、捆牢处理后的纸箱

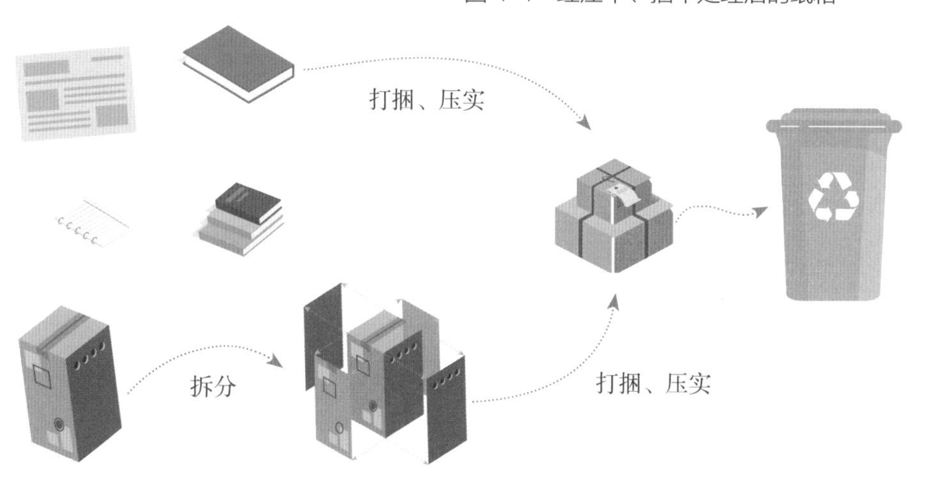

## 二、可回收物：玻璃类投放要求

碎裂玻璃制品需单独包装，且包装牢固。废弃玻璃瓶需撕掉标签、去掉瓶盖，清除残留物、洗净晾干后，再投放至可回收物收集容器，并应防止破损。

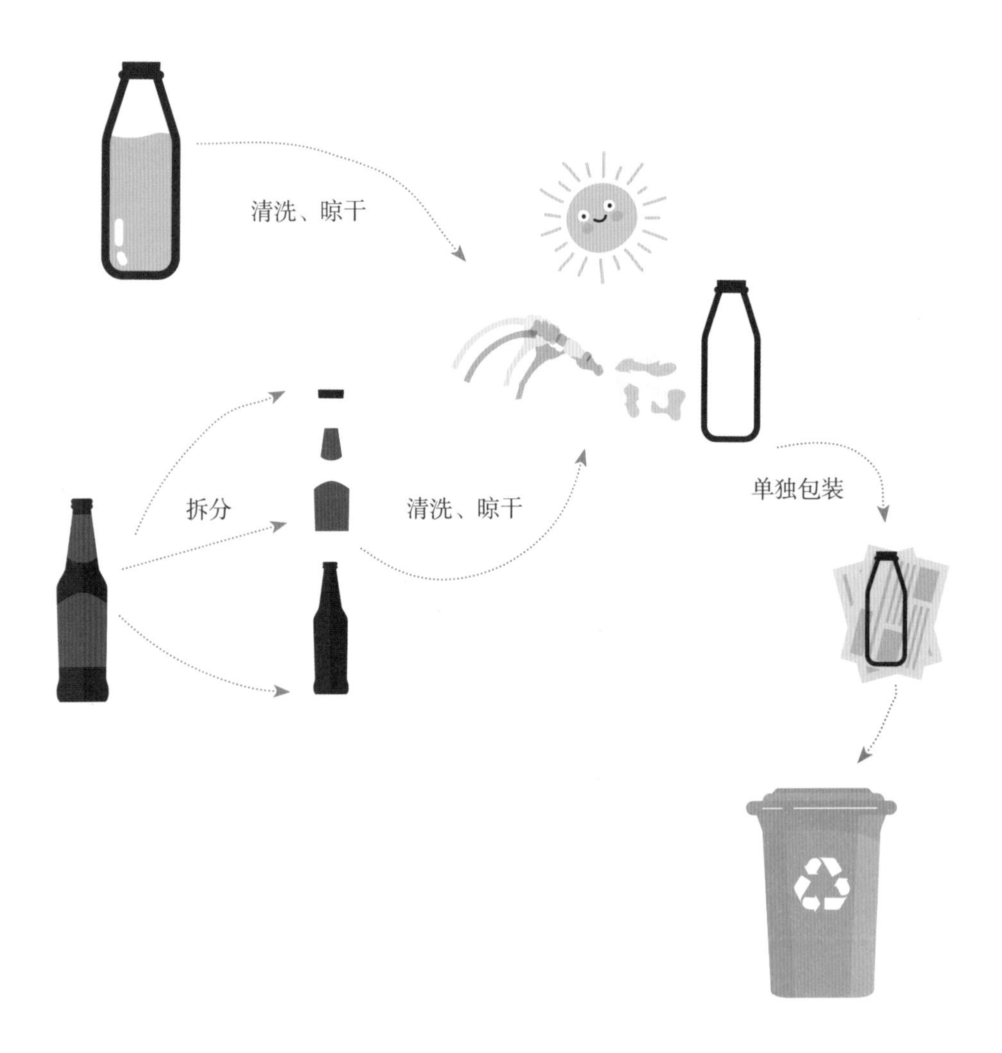

## 三、可回收物：金属类投放要求

金属尖锐物品应用硬纸包裹捆绑后或将锐利面钝化后再投放（图4-2）。

图 4-2　易拉罐回收前进行压扁处理

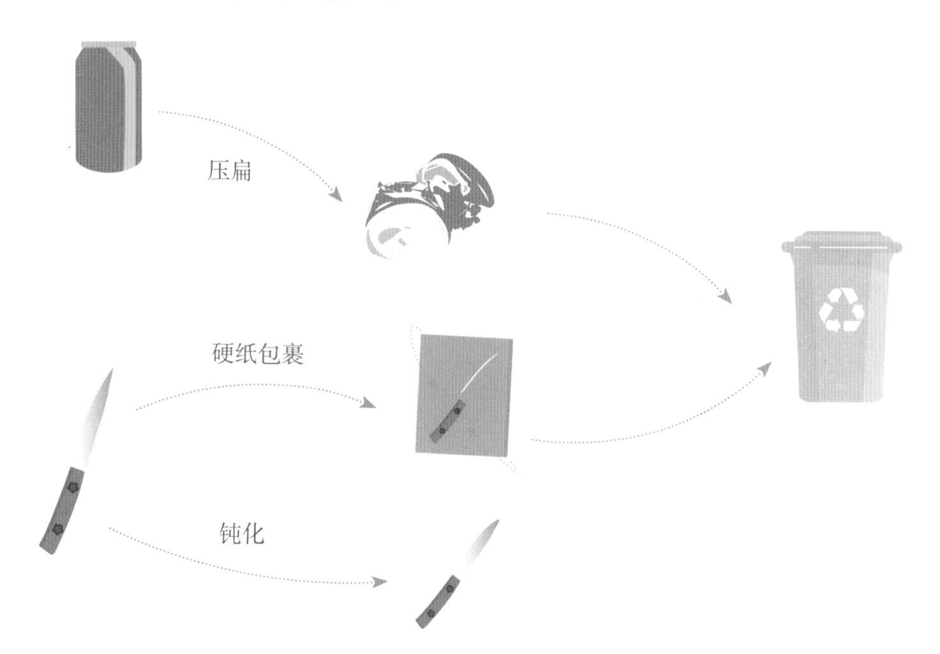

## 四、可回收物：纺织类投放要求

旧纺织物，宜清洗干净后送至民政部门设置的捐赠点或捆牢后投放至可回收物收集容器（图4-3）。

污损严重的废弃纺织物应投放至其他垃圾收集容器。

图 4-3　成都某小区旧衣服回收箱

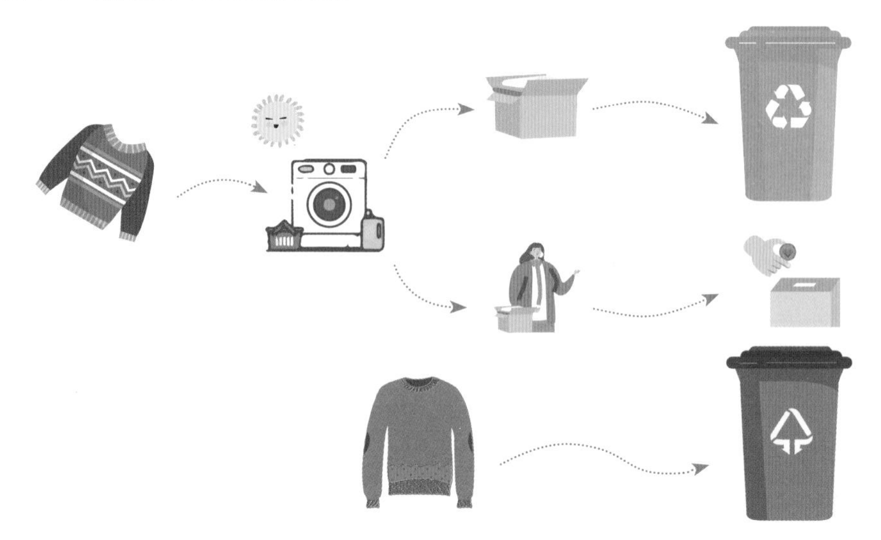

## 第二节　有害垃圾投放要求

1. 有害垃圾必须单独投放至有害垃圾收集容器（图4-4 ~ 图4-6）。

2. 有害垃圾投放时应该保持物品完整性，注意轻放。

3. 在公共场所未发现有害垃圾收集容器时，产生的有害垃圾应携带至有害垃圾投放点妥善投放。

图 4-4　杭州某小区内的有害垃圾投放提示牌

图 4-5　成都路边单独设置的废弃口罩收集容器

图 4-6　绍兴某街道单独设置的废弃口罩收集容器

# 第三节　厨余垃圾投放要求

## 一、家庭厨余垃圾投放要求

1．居民投放家庭厨余垃圾时应将厨余垃圾中的餐巾纸张、餐具等杂物清除。

2．鼓励将有包装的厨余垃圾去除包装后进行分类投放，包装物可投放到可回收物或其他垃圾收集容器中。

3．外卖盒内的剩菜剩饭应投放至厨余垃圾收集容器，可再生利用的外卖盒应适当清洗后投放至可回收物收集容器。

## 二、餐厨垃圾投放要求

鼓励单位食堂和宾馆、饭店等餐厨垃圾产生单位安装固液分离、油水分离装置，对餐厨垃圾进行固液分离和油水分离处理。餐厨垃圾投放前应清除其他不利于后续处理的杂质，如废餐具、塑料台布、废纸等。不得将餐厨垃圾倒入雨水（污水）管道。各地宜采用规格、尺寸统一的厨余垃圾收集容器，便于台账记录和运输（图4-7、图4-8）。

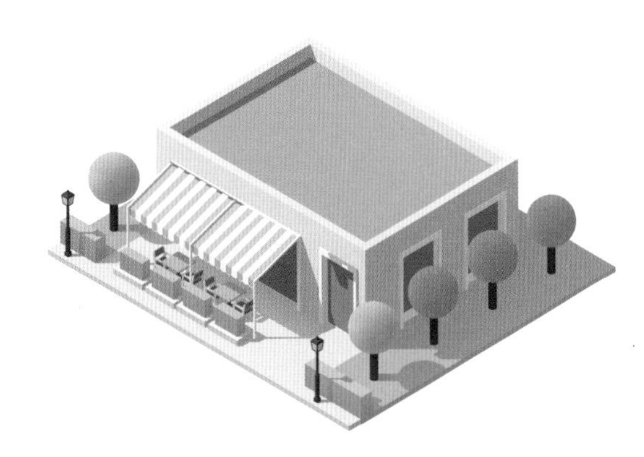

图 4-7　长沙某单位食堂设置的餐厨垃圾投放点（由于该地区垃圾分类工作开展进度的原因，该单位食堂餐厨垃圾收集容器尚未更新为印有新版标志的收集容器，故贴以文字示意）

图 4-8　沈阳某餐厅后厨外设置的餐厨垃圾收集容器

## 三、其他厨余垃圾投放要求

农贸市场、农产品批发市场等场所产生的蔬菜瓜果垃圾、腐肉、肉碎骨、蛋壳、畜禽产品内脏等其他厨余垃圾，应投放至厨余垃圾收集容器或收集点，有条件的应当将肉类与瓜果蔬菜分开投放。

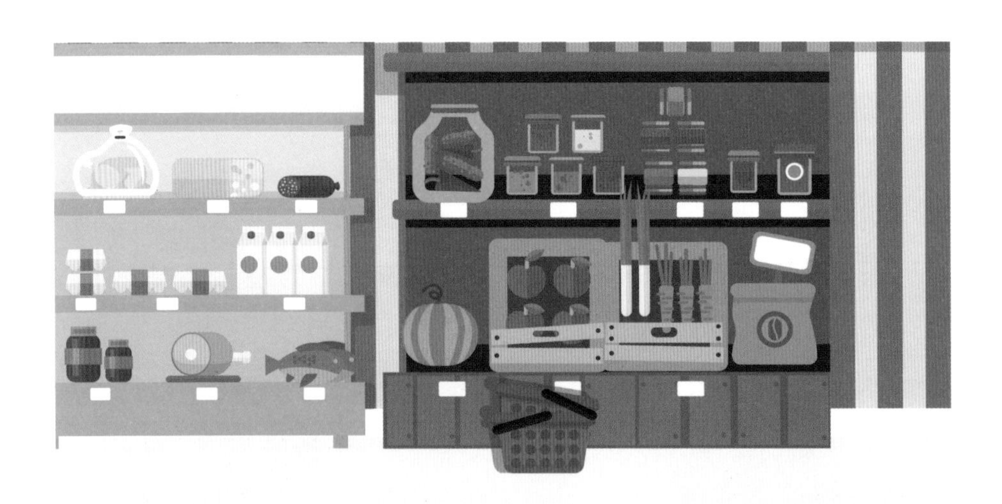

## 第四节　其他垃圾投放要求

按照分类标准无法确认为可回收物、有害垃圾和厨余垃圾的生活垃圾，可投放至其他垃圾收集容器，不得将其他垃圾投入有害垃圾、可回收物、厨余垃圾收集容器（图4-9～图4-11）。

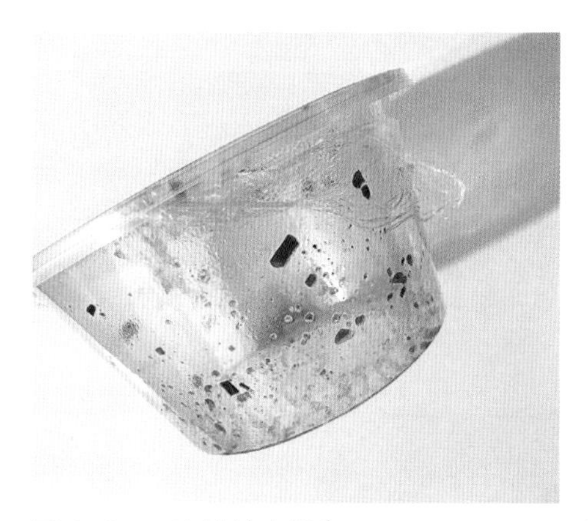

图 4-9　一次性外卖餐盒

图 4-10　废旧眼镜

图 4-11　成都某小区后门设置的其他垃圾收集容器

第五章

# 分类投放的生活垃圾如何处理

## 生活垃圾的运输：

垃圾的运输是指收集车辆把收集到的垃圾运至终点、卸料和返回的全过程。不同类型的生活垃圾由不同的车辆专门运输。

生活垃圾运输车辆车身处应标示生活垃圾分类运输标识、保持全密闭，以免运输过程中造成二次污染。

特别的是，有害垃圾运输车辆应随车配备灭火器、应急处理设备和应急医疗设备等器材。

## 第一节　可回收物处理

居民分类投放的可回收物，经可回收物专用收集车辆运输至分拣中心进行分拣压缩后，再运至不同种类再生资源回收企业，实现资源循环利用和垃圾无害化处理。

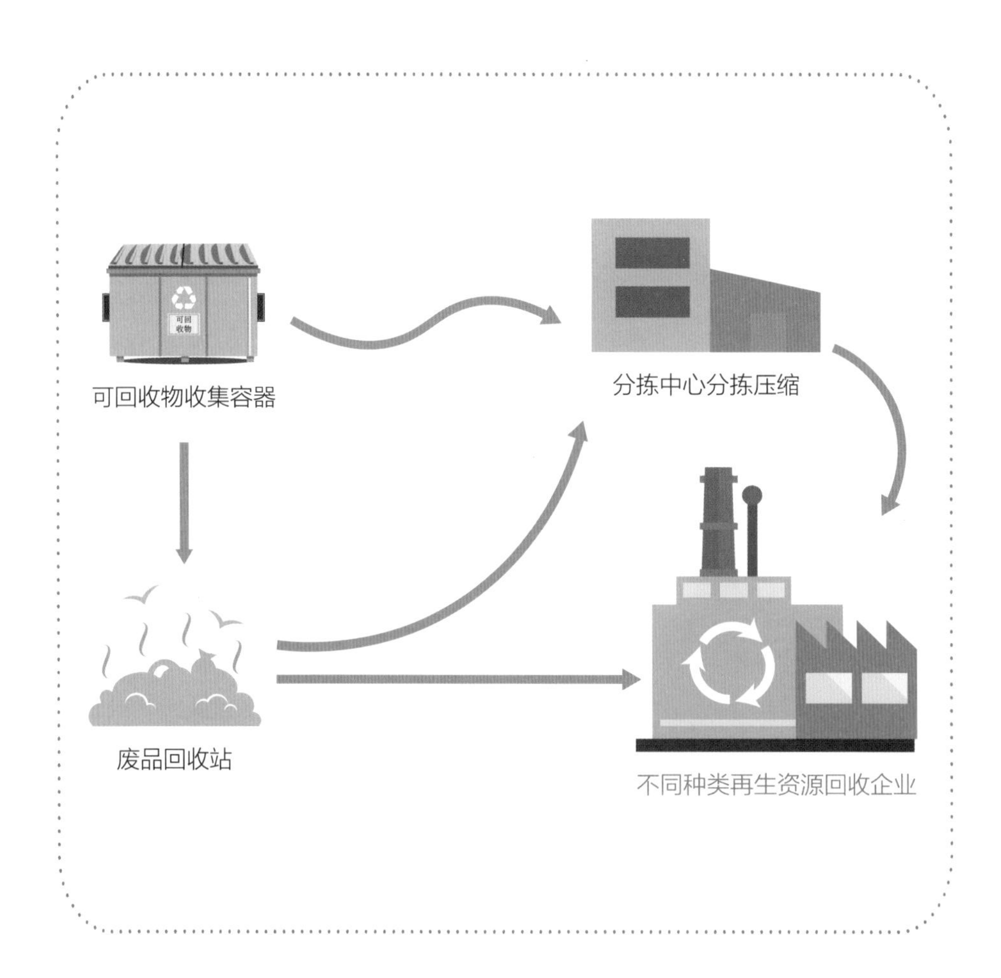

## 第二节　有害垃圾处理

居民分类投放的有害垃圾，经有害垃圾专用收集车辆运输至具有危险废物处置专业资质的单位进行无害化处置。

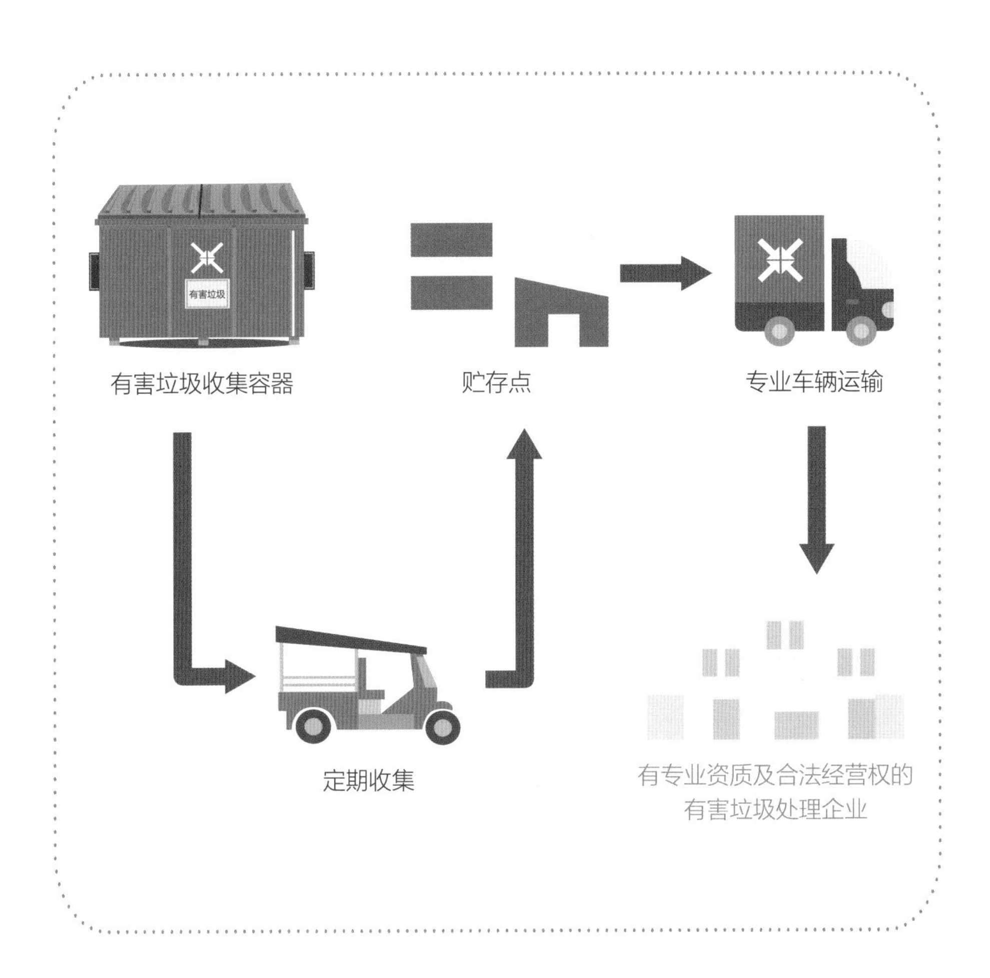

## 第三节　厨余垃圾处理

居民分类投放的厨余垃圾，使用厨余垃圾专用收集车辆运输并采用生化处理、脱水焚烧等方式进行资源化利用、无害化处理。

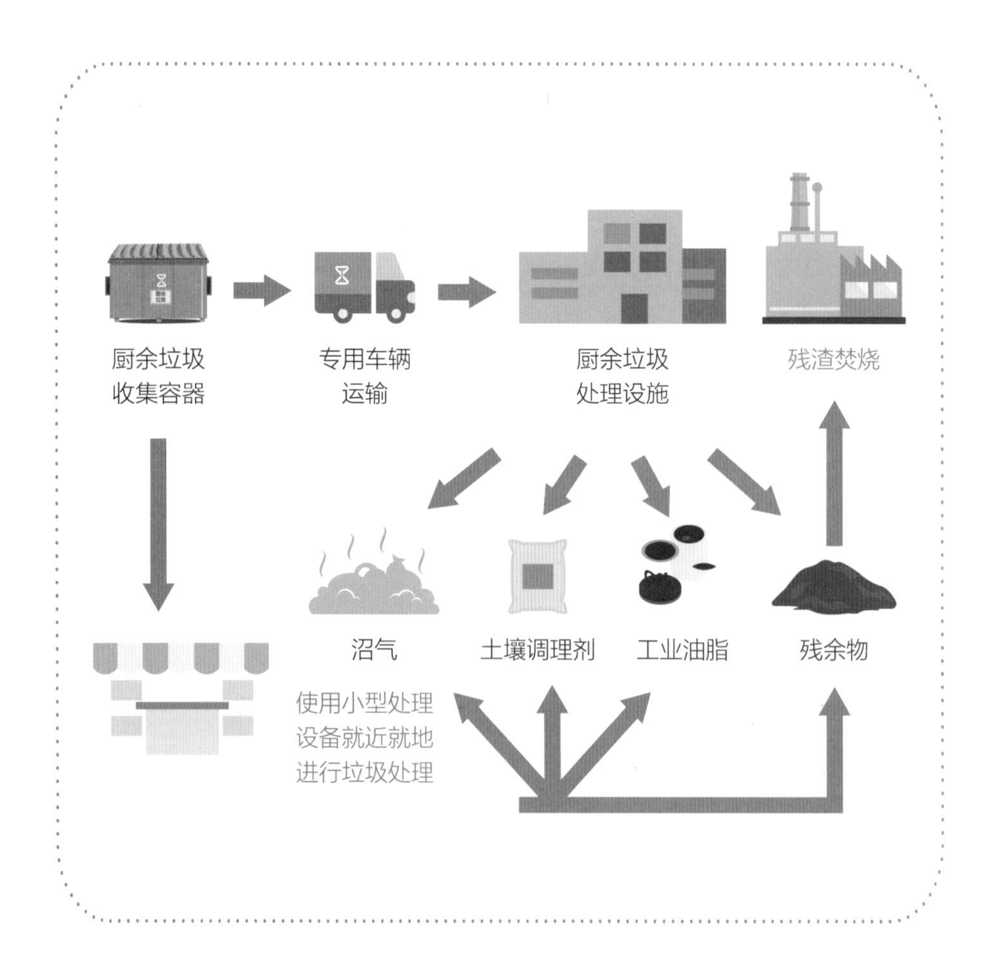

## 第四节　其他垃圾处理

居民分类投放的其他垃圾，使用其他垃圾专用收集车辆运输并采用焚烧发电或卫生填埋的方式进行无害化处理。

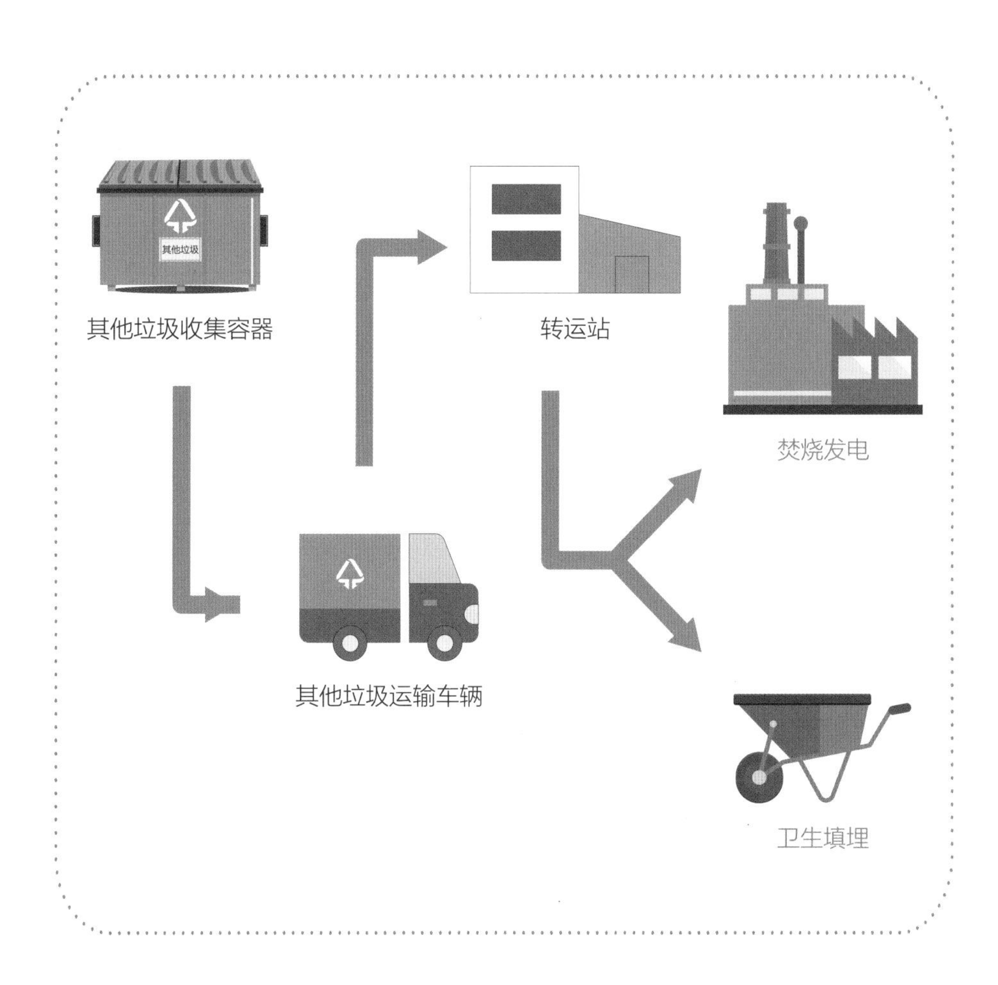

# 第六章 大件垃圾、装修垃圾、园林垃圾

大件垃圾、装修垃圾、园林垃圾不属于生活垃圾分类范畴，不得混入生活垃圾之中，需单独分类投放。

## 第一节　大件垃圾及其投放要求

### 大件垃圾主要指：

1. 床架、床垫、沙发、桌子、椅子、衣柜、书柜等具有坐卧以及贮藏、间隔等功能的旧生活和办公器具，以及制作家具的材料等。

2. 电视机、冰箱/柜、空调、洗衣机、吸尘器、微波炉、电饭煲、烤箱等家用电器。

3. 电脑、打印机、复印机、传真机、电话机等电子产品。

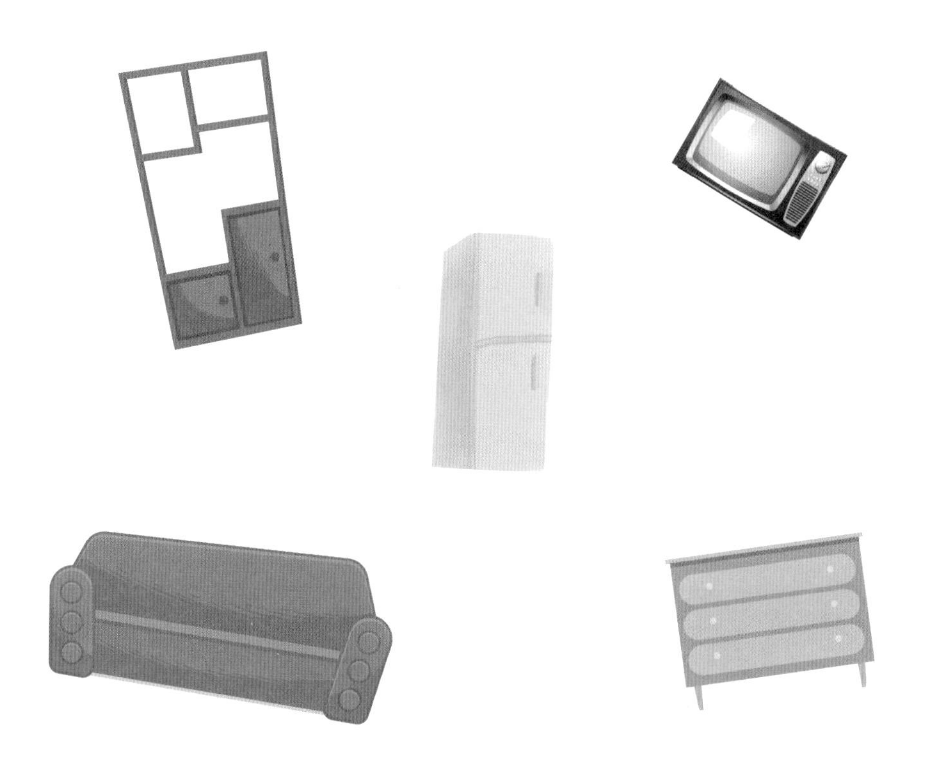

## 大件垃圾的投放要求：

1．大件垃圾应单独投放，不得投放至生活垃圾收集容器，严禁危险废物混入。

2．大件垃圾不应随意堆放，应投放到垃圾分类管理责任人指定的投放点或通过电话、网络预约的方式，由回收单位上门回收。

3．大件垃圾投放时不宜采用任何形式的拆解、处理。

## 第二节　装修垃圾及其投放要求

### 装修垃圾主要指：

居民装饰装修房屋过程中产生的混凝土、砂浆、砖瓦、陶瓷、石材、石膏、加气混凝土块、金属、木材、玻璃和塑料等。

## 装修垃圾的投放要求：

1. 废弃的石材、砖瓦可作为烧结砖的原料（图6-1、图6-2）。

2. 废弃的混凝土、陶瓷可进行填埋或作为道路施工的路基材料。

3. 废弃的涂料、油漆等应按照有害垃圾处置方式，经有害垃圾专用收集车辆运输至具有危险废物处置专业资质的单位进行无害化处理。

图 6-1　废弃石材

图 6-2　废弃砖瓦

## 第三节　园林垃圾及其投放要求

### 园林垃圾主要指:

公共绿地、公园等场所产生的植物残枝、落叶、草屑等（图6-3、图6-4）。

图 6-3　植物残枝

图 6-4　成都新华公园内经过打扫后的落叶

## 园林垃圾的投放要求：

1．园林垃圾应单独收集后投放至指定投放点，不得投放至生活垃圾收集容器。

2．园林垃圾应由作业单位按照植物残枝、落叶和草屑等进行分类，条状材料捆扎成绑，碎片材料包装成袋，包装宜采用可再生或可回收材料。

3．园林垃圾投放时应进行分拣，剔除陶瓷、土石、金属、塑料等非植物性材料。

# 附　录

# 附录一 《生活垃圾分类标志》GB/T 19095—2019（摘录）

本书根据国家市场监督管理总局和中国国家标准管理委员会联合发布的中华人民共和国国家标准《生活垃圾分类标志》GB/T 19095—2019进行编写，特摘录标准中部分内容，供广大读者参考。

## 生活垃圾分类标志

### 1 范围

本标准规定了生活垃圾分类标志类别构成、大类用图形符号、大类标志的设计、小类用图形符号、小类标志的设计以及生活垃圾分类标志的设置。

本标准适用于生活垃圾的分类投放、分类收集、分类运输和分类处理工作。

### 2 规范性引用文件

下列文件对于本文件的应用是必不可少的。凡是注日期的引用文件，仅注日期的版本适用于本文件。凡是不注日期的引用文件，其最新版本（包括所有的修改单）适用于本文件。

《公共信息导向系统　设置原则与要求　第1部分：总则》GB/T 15566.1

### 3 生活垃圾分类标志类别构成

生活垃圾分类标志由4个大类标志和11个小类标志组成，类别构成见表1。

表1　标志的类别构成

| 序号 | 大类 | 小类 |
|---|---|---|
| 1 | 可回收物 | 纸类 |
| 2 | | 塑料 |
| 3 | | 金属 |
| 4 | | 玻璃 |
| 5 | | 织物 |
| 6 | 有害垃圾 | 灯管 |
| 7 | | 家用化学品 |
| 8 | | 电池 |
| 9 | 厨余垃圾[a] | 家庭厨余垃圾 |
| 10 | | 餐厨垃圾 |
| 11 | | 其他厨余垃圾 |
| 12 | 其他垃圾[b] | — |
| 除上述4大类外，家具、家用电器等大件垃圾和装修垃圾应单独分类。 | | |

[a] “厨余垃圾”也可称为“湿垃圾”。
[b] “其他垃圾”也可称为“干垃圾”。

## 4 生活垃圾分类标志大类用图形符号

生活垃圾分类标志大类用图形符号见表2。

表2 生活垃圾分类标志大类用图形符号

| 序号 | 图形符号 | 含义 | 说明 |
| --- | --- | --- | --- |
| 1 |  | 可回收物<br>Recyclable | 表示适宜回收利用的生活垃圾，包括纸类、塑料、金属、玻璃、织物等 |
| 2 |  | 有害垃圾<br>Hazardous Waste | 表示《国家危险废物名录》中的家庭源危险废物，包括灯管、家用化学品和电池等 |
| 3 |  | 厨余垃圾<br>Food Waste | 表示易腐烂的、含有机质的生活垃圾，包括家庭厨余垃圾、餐厨垃圾和其他厨余垃圾等 |
| 4 |  | 其他垃圾<br>Residual Waste | 表示除可回收物、有害垃圾、厨余垃圾外的生活垃圾 |
| “有害垃圾”“厨余垃圾”的分类标志图形符号，也可参考附录A进行设计和使用。<br>“厨余垃圾”也可称为“湿垃圾”，“其他垃圾”也可称为“干垃圾”，在设计和设置生活垃圾分类标志时，可根据实际情况选用，“湿垃圾”与“干垃圾”应配套使用。<br>注1：生活垃圾分类用图形符号的角标不是图形符号的组成部分，仅是设计和制作标志时的依据。<br>注2：角标不出现在生活垃圾分类标志上。 | | | |

5～8略。

# 附录二　生活垃圾分类表

废玻璃类、废金属类、废纸塑铝复合包装类、废包装物类、废塑料类、废纸类、废纺织物、废鞋帽类等

废温度计、废荧光灯管、废胶片、相纸、废药品及其包装物、废杀虫剂、消毒剂及其包装物、废电池、废油漆、溶剂及其包装物、废血压计等

菜帮、菜叶、瓜果皮壳、剩菜剩饭、废弃食物、食物残渣、食品加工废料和废弃食用油脂、腐肉、肉碎骨、蛋壳、畜禽产品内脏等

被污染的卫生纸、使用过的卫生巾、废弃烟蒂、废弃纸内裤、废铅笔、废文具、灰土、陶瓷、被污染的塑料袋、被污染的食品包装袋等

# 附录三 垃圾分类从小做起

## 一、家中父母好帮手

每天从早上起床开始，我们就在不断地产生生活垃圾。早晨喝完牛奶会留下牛奶盒，吃完水果会留下果皮，择菜做饭会丢弃菜根菜叶，喝完茶会留下茶叶，做完作业会留下用完的草稿纸，拆完快递会留下快递包装盒……每天产生的垃圾多种多样，小朋友们作为家庭的小主人，该如何处理这些垃圾呢?

首先，要有垃圾减量的意识，从源头上减少垃圾的产生。比如在家里用可重复使用的水杯，避免购买瓶装水；不频繁购买衣服，淘汰衣物的布料也可重新使用，制作抹布、环保袋等；减少纸巾的使用，在家用毛巾擦手。垃圾减量的方法很多，我们要做生活中的细心人。

其次，在家里要协助父母做好垃圾分类收集。干净、整洁的家庭环境要家庭成员共同维护，产生了生活垃圾后要及时和父母一起处理，做好垃圾分类收集。家里的有害垃圾，如废弃灯管、过期药品等不能与其他类垃圾混放，一定要投放到社区专设的有害垃圾收集容器中。家里的废旧报纸书籍、塑料瓶、玻璃等都是可回收物，应该投放到可回收物收集容器中。

再次，要让垃圾分类成为习惯。垃圾分类是“新时尚”，小朋友们也要让它成为好习惯。虽然进行垃圾分类会占用一点时间，但只有每家每户都做好家中的垃圾分类，后续的垃圾处理工作才能更加高效。加强垃圾分类意识，养成垃圾分类好习惯，让它伴随我们一生。

## 二、社区小小志愿者

社区是我家，干净靠大家。掌握了生活垃圾分类知识的小学生能到社区里当一回生活垃圾分类小志愿者，是一件非常光荣的事情。社区里容纳了每家每户日常生活中产生的生活垃圾，大家在家里做好垃圾分类后，社区会对每家产生的生活垃圾进行后续的分类工作，这时候就需要小志愿者发挥作用了。小志愿者可以带动亲朋好友、街坊四邻正确进行生活垃圾的分类与投放。在社区里，如果遇到没有正确进行生活垃圾分类的居民，应该主动告诉他们该如何正确分类，并主动在社区中进行生活垃圾分类的宣传。

## 三、学校分类小能手

和家中相比，学校中的生活垃圾产生量相对少一些，但在教室和校园里进行生活垃圾分类也是十分必要的。学校里的旧报刊、旧书籍等都是有价值的可回收物，大家要尽可能地将这些物品进行二手交易或捐赠给相关机构，让它们最大限度地得到利用。废塑料、废纸等物品要主动投放至校园中的可回收物收集容器中。大家要准确掌握生活垃圾分类标准，坚持对校园中的生活垃圾正确分类，营造文明健康的校园环境。

大家在学校中也应该做生活垃圾分类的宣传使者，积极参与学校组织的生活垃圾分类宣传活动，主动向身边的朋友们介绍生活垃圾分类知识，同时，在遇到还不会正确分类生活垃圾的同学时，也要尽可能地主动提供帮助。

## 四、公共场所环保小公民

在公共场所，如道路、广场、公园、机场、客运站、轨道交通设施，以及娱乐、商业场所，大家首先要做到不随意丢弃垃圾，遇到他人随意丢弃垃圾，我们可以提醒他们将垃圾捡起并正确投放到相应的垃圾箱中。

（注：本附件参考自四川省城乡建设研究院和四川民族出版社的前期研究）

# 参考文献


[1] 刘建国. 垃圾分类的重大意义、历史使命与推行路径四十六城市启动垃圾分类 [J]. 城市管理与科技, 2019, 21 (05): 7-10.

[2] 国家市场监督管理总局，中国国家标准化管理委员会. 生活垃圾分类标志 GB/T19095—2019 [S]. 北京: 中国标准出版社, 2019.

[3] 国家发展改革委, 中华人民共和国住房和城乡建设部. "十四五" 城镇生活垃圾分类和处理设施发展规划 [Z]. 2021-05-06.

[4] 江富山. 垃圾分类三大难点解析 [N]. 中国建设报, 2019 (005).

[5] 寄本胜美. 垃圾与资源再生 [M]. 北京: 世界知识出版社, 2014.

[6] 武汉市环境卫生科学研究院. 生活垃圾分类科普读物 [M]. 武汉: 湖北人民出版社, 2020.

[7] 王俊生, 张立勇, 杨建肖, 贾赞利. 城市生活垃圾分类与管理知识读本 [M]. 北京: 化学工业出版社, 2020.